神威の在処

北の大地の神々の化身。

斉藤嶽堂

The Place of KAMUY

The Gods of the North Land in Japan

Photo by Gakudoh SAITOU

太古の昔、神々がこの国を創世して間がない頃、
この国は深い森に覆われていました。
そこには、たくさんの動物と、いにしえの民「アイヌ」が、
冬期厳しい北の大地に、大自然と素朴に向き合い
神々を奉り、暮らしていました。

民は、あらゆる森羅万象に神が宿ると考え、
特に、固有の能力のあるものを神々の化身とし、
「神威（カムイ）」と名付けました。

人々が住む集落（コタン）を覆う深い森には、
神威の名をもつ動物や鳥達が棲み、
人々はその神威たちの、数々の民話や民謡を生み出し、
現在もアイヌの魂が語り継がれています。

山や森や川より人々の暮らしを見守り、
人々と共存し生きる、里山に棲む神威の末裔の姿。
また、アイヌコタンに馴染み深いが、
カムイの名をもらえなかった動物たちが見せるあどけない表情。
そしてその裏腹の、野生に生きる厳しい現実の営み。

私はナチュラリストとして、
あえて、人と動物の境界を犯さず、
境界線にまでその勇姿を見せてくれる優しい眼差しの神威たちを
ソッと、息を潜め写真に捉えてみました。

ヒグマ
キムンカムイ
（山の神）

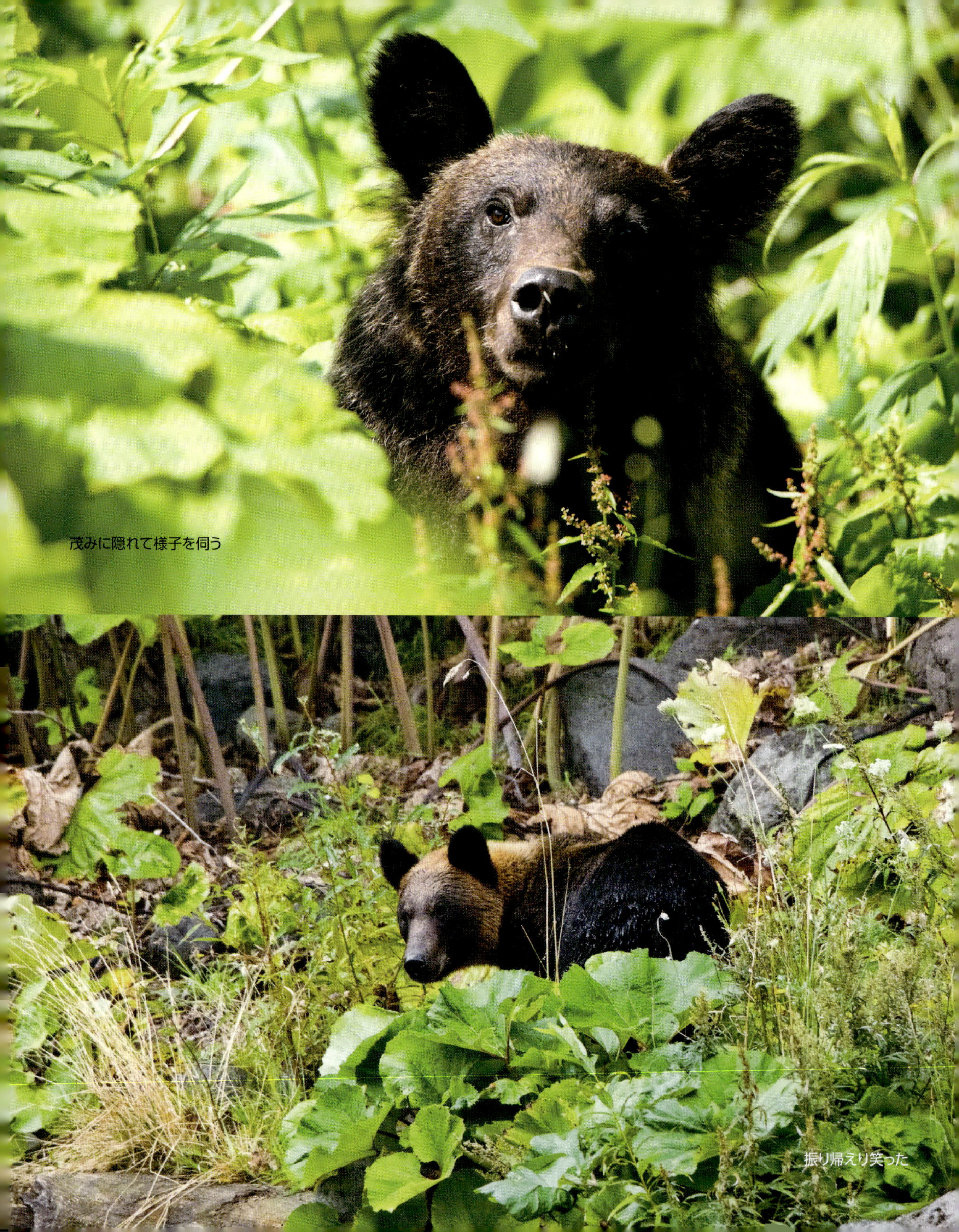

茂みに隠れて様子を伺う

振り帰えり笑った

突進

2頭で協力して鮭を捕る

15mまで泳いで来た。

人の内なる流れに悶え抜き、
外の大地の「時の流れ」の確かな手応えを求めて、
私は大いなる旅を続けて来た。

そして今、
歴史の時に呼ばれ「アイヌ民族」の
神々の化身と会話し描写する事に引き寄せられ、
よもや激しくその心を熱くして止まない。
それは、少年の心を持ち続ける者のみが抱く事の出来る、
壮大な十年にもおよぶ挑戦であった。

親子が突然現れた

エゾモモンガ
アツカムイ（子供の守り神）

弟子屈町「鱒や」様のオーナー橘さんの案内で、
昼間から活動するエゾモモンガに会えた。

尻尾を体に巻き付けて、
この体勢で約30分動かなかった。

挨拶をしてくれた。

茂みに隠れて新芽を捕食する。

総ての人が、いにしえの昔に持っていた能力。
「森で狢(ムジナ：動物)たちと心を通じ合わせ、
気配を感じとる能力。理力(Force)。」
人もまた、森の一員だった。
しかし、時の流れとともに忘れ去り、
今ではその能力を操れる者を怪しむ様になってしまった。
狢の気持ちが判らなくなった人々は、
狢たちの森に過剰な程に入り込み、
境界線の均衡を犯し、
人のエゴで森に手を入れ、終いには破壊してしまった。
境界線より入り込む行動に
私はナチュラリストとして警鐘を鳴らす。
ちょっと立ち止まって……
少し考えて……
動物たちの先祖から受け継がれた「神々の聖地」。
あなたはその森に入る権利を持っているの？

私はなぜか? 動物の尻尾が気になる。

雪から水分補給をしてる。

250万年前の氷河期に誕生日した「生きた化石」

ナキウサギ
クトロンカムイ
(岩場の神)

神威の名を持たない
エゾリス（キタリス）
トゥスニンケ
（まじないをして消す）

うわぁ！にがい……
もっと、落ちてこないかな?

神威の名を持たない

シマリス

ニスイクルクル（背中にシマを持つ者）

瞑想する

キタキツネ

ケマコシネカムイ（足の速い神）

伸び～

神威の名を持たない
エゾシカ
ユク
（食糧 獲物）

全面凍結の湖面を渡る

老兵

シマフクロウ
コタンコロカムイ（村を守る神）

闇に潜む

威嚇

飛翔

シマフクロウは主に渓魚を捕食する

「鷲の宿」様では薄暮から見られる事もある。

水面に映り込む

エゾフクロウ
クン・ネレクカムイ
（夜鳴く神）

深山の揺り篭

寝息が聞えてきそうな
静粛な森の中。
穏やかに・優しく・自己に厳しく。
写真家の才三の目「心眼」が開く。

晩秋の樹洞の見回り

脅かさない存在。
それが自然体であるから、
野生に溶けこみ、警戒を解いて
向こうから、逢いに来てくれる。
「境界線」とは、お互いが許しあえる距離感を言う。

巣立ち直後　エゾフクロウの雛

吹雪の中　小林幸男氏（札幌市在住）と同行。

オオワシ

カパッチリカムイ（空の神）

鋭い爪

神威の勇姿

曙と鷲
羅臼町「マルミ観光船」様の船上より

知床連山と流水

冷めたい空気を斬る

コタンと馴染み深いが
神威の名を持たない
オジロワシ
オン・ネ・ウ

鋭い眼差し

達古武湖で休憩

多様な、
一見、相反する物をその体に溶かし込み、
その中から命の光を輝かせ、
少年の様な眼(まなこ)で「北の大地」を歩き続けた。

タンチョウ

サロルンカムイ（湿地に住む神）

タンチョウの勇姿

生き物が一番美くしく見える繁殖期

草むらに潜んで匍匐前進する。
鶴居村北海道認定ガイド 安藤 誠氏。
私にとって、彼もまた「神威」なのである。

オジロワシ（幼鳥）との餌の取り合い

オジロワシ（幼鳥）にキック

晩秋の釧路湿原

カワセミ
チェパッテカムイ
（川を支配する神）

カラスかと思うほど、大きい

クマゲラ

チプタチカップカムイ

（船を彫る神）

カワガラス

ウォルン　カッケン　カムイ

（水中にいる神）

ミソサザイ

トシリポクンカムイ
（川岸の神）

明け方に姿を現した。リトルアラスカの朝の河口
泊 和幸氏と撮影

ヤマセミ

キサラウシカムイ
（耳を持った神）

あきあじ

シャケ
カムイチュプ
(神の魚)

滝を登るサクラマス

[著者紹介]

斉藤嶽堂(さいとう・がくどう)

ナチュラリスト・写真家・文筆家。

道号（雅号）「嶽堂」は埼玉県飯能市曹洞宗能仁寺第三十一世住職虚堂映明方丈様より、2006年6月21日、縁あり授かった。

（公社）日本写真家協会JPS、日本風景写真家協会JSPA、ソニー・イメージング・プロ・サポート、ソニーαアカデミー講師、

（公財）日本自然保護協会、NACS-J自然観察指導員、山梨県自然監視員、長野県自然保護レンジャー、シグマプロフェッショナルサービス、

（一社）八ヶ岳森の番人フクロウエイド代表理事、清里高原「梟の郷」ギャラリー オーナー

主な著書に、『稀人神の在処』（むさしの新聞社、2010年）、『孤高の王者』（むさしの新聞社、2011年）、

『心眼・八ヶ岳の鼓動』（むさしの新聞社、2012年）、『八ヶ岳のフクロウ』（東京図書出版、2014年）、『フクロウとコミミズク』（彩流社、2017年）等がある。

[主な撮影機材]

〈カメラ〉SONY α 99 II、α 7R III (3)

〈レンズ〉SONY 500mm F4 G SSM、FE 24-240mm F3.5-6.3 OSS、70-400mm F4.5-5.6 G SSM II

SONY TE 100-400㎜ F4.5-5.6 GM OSS

シグマ 12-24mm F4 DG HSM、24-105mm F4 DG OS HSM

[御協力頂ただいた方々]

泊 和幸氏、安藤 誠氏、小林幸男氏

羅臼町「鷲の宿」様、羅臼町「マルミ観光船」様、弟子屈町「鱒や」様

神威(カムイ)の在処(ありか)

北の大地の神々の化身。

2018年4月1日　第1刷発行

[著者]

斉藤嶽堂

[発行人]

竹内淳夫

[発行所]

彩流社

〒102-0071 千代田区富士見2-2-2

電話▶03-3234-5931　FAX▶03-3234-5932

ウェブサイト▶http://www.sairyusha.co.jp　メール▶sairyusha@sairyusha.co.jp

[ブックデザイン]

中山銀士(協力=杉山健慈)

[印刷]

モリモト印刷

[製本]

難波製本

ISBN978-4-7791-2444-0 C0045

◉定価はカバーに表示してあります。